不可思议的发明

嗞，通电了

[加]莫妮卡·库林 / 著　　[加]比尔·斯莱文 / 绘　　简严 / 译

人民东方出版传媒
People's Oriental Publishing & Media

东方出版社
The Oriental Press

图书在版编目（CIP）数据

不可思议的发明.咝，通电了 /（加）莫妮卡·库林著；（加）比尔·斯莱文绘；简严译.
— 北京：东方出版社，2024.8
书名原文：Great Ideas
ISBN 978-7-5207-3664-0

Ⅰ.①不… Ⅱ.①莫…②比…③简… Ⅲ.①创造发明—儿童读物 Ⅳ.① N19-49

中国国家版本馆 CIP 数据核字 (2023) 第 213162 号

This translation published by arrangement with Tundra Books,
a division of Penguin Random House Canada Limited.

中文简体字版专有权属东方出版社
著作权合同登记号　图字：01-2023-4891

不可思议的发明：咝，通电了
（BUKESIYI DE FAMING：SI，TONGDIAN LE）

作　　者：〔加〕莫妮卡·库林　著
　　　　　〔加〕比尔·斯莱文　绘
译　　者：简　严
责任编辑：赵　琳
封面设计：智　勇
内文排版：尚春苓
出　　版：东方出版社
发　　行：人民东方出版传媒有限公司
地　　址：北京市东城区朝阳门内大街 166 号
邮　　编：100010
印　　刷：大厂回族自治县德诚印务有限公司
版　　次：2024 年 8 月第 1 版
印　　次：2024 年 8 月第 1 次印刷
开　　本：889 毫米 ×1194 毫米　1/16
印　　张：2
字　　数：23 千字
书　　号：ISBN 978-7-5207-3664-0
定　　价：158.00 元（全 9 册）
发行电话：（010）85924663　85924644　85924641

带电的猫

3 岁的尼可喜欢一只名叫马加可的猫，
　　他爱摸猫儿柔柔滑滑的背。

　　冬天空气又冷又干，
　　他的抚摸让猫毛火星四溅……

　　"那是静电。"爸爸说。

　　"什么是静电？"尼可问。

"静电是一种处于静止状态的电荷，
　　由质子和电子构成，
　　有正电荷和负电荷。"
　　　　爸爸解释着。

"静电是魔法！静电好神奇！"
　　　　尼可欢呼道。

1884 年，一艘远洋客轮驶进纽约港，一个名叫尼古拉·特斯拉的年轻人走下跳板。他有些激动，又稍显不安。跟他生活的欧洲城市相比，美国大不一样。在这里他会幸福吗？

　　在船上时，特斯拉的财物几乎被抢光。现在，他只剩下口袋里的 4 分钱、1 本诗集、1 张飞行器的草图，还有 1 封写给美国"发明大王"托马斯·爱迪生的推荐信。

1856 年，尼古拉·特斯拉出生在塞尔维亚的斯米湾村。他出生的那个夏天的夜晚，雷雨交加。咝！电闪雷鸣中，小特斯拉在 7 月 9 日和 10 日之间的夜半呱呱坠地。家里人叫他尼可。

尼可的记忆力惊人，10 岁时他已经会说 6 种语言了。

当尼可看到尼亚加拉大瀑布的版画时，他兴奋地叫道："有一天我要去美国，在这个瀑布下放一个大大的水车！"

这句话多么令人难以想象呀！他的家人暗暗想着。但是，这就是尼可的风格。

尼古拉·特斯拉走在曼哈顿下城的街上，他在寻找一个早已牢记在心的地址。忽然，他看到前面有一个人在修理坏了的机器。

特斯拉了解引擎，于是，他上前问道："你需要我帮忙吗？"

"为什么不呢？"这个沮丧的男子回答道。

特斯拉修好了机器，男子给了他20美元表示感谢。他的美国生活迎来了一个美好的开端。

特斯拉一路寻找着托马斯·爱迪生的工厂。他知道这个发明家有很多很多的点子，需要雇用年轻人来帮忙。他会给特斯拉一份工作吗？

来到爱迪生的机械工厂里，特斯拉看到工人们忙碌地工作着，周围的轮子呼呼地转着，滑轮"嘎吱嘎吱"响着。

托马斯·爱迪生正在办公室里接电话，尼古拉·特斯拉站在一旁耐心等待。

"我知道谁能修好！"爱迪生冲话筒大声吼道，"我马上派他过去！"

由于发电机出故障，远洋客轮"俄勒冈号"抛锚了。发电机为客轮提供电力，至关重要，必须尽快修好。但是爱迪生的工厂没有人精通电学，无人能去修好发电机，而爱迪生又忙得不可开交，不能亲自去修理。

爱迪生挂断电话后，喃喃自语："鬼才能修好那台发电机！"

"需要帮忙吗，先生？"爱迪生问，他看起来焦头烂额的。

尼古拉·特斯拉走上前，将巴黎的老板为他写的推荐信递给爱迪生。信的开头这样写道："亲爱的爱迪生，我知道两个伟大的人：一个是你，另一个就是这位年轻人！"

43

爱迪生派了特斯拉去修理"俄勒冈号"的发电机。这个年轻人埋头苦干了一整天，接着又干了一整个晚上。

第二天清晨，特斯拉在走回旅馆的途中，正巧遇到了爱迪生。

"你整晚都在外面偷懒，对吧？"爱迪生怒吼道。

"我完成了你派给我的工作。"特斯拉回答，"客轮已经起航了。"

爱迪生大吃一惊，特斯拉完成任务的时间比他预想的要快。于是，他当场给了特斯拉一份工作。

尼古拉·特斯拉是带着梦想来的美国。1882年，他已经有了一个设想：用交流电来发动马达。但他没有钱制造马达。

使用直流电时，电流总是从正极向负极单向循环流动。用交流电的话，电流不但可以反方向流通，还可以正向反向交替着流通，每秒能流通60次（我国及大部分国家采用的交流电频率为50赫兹，即每秒能流通50次）。

但是，托马斯·爱迪生只热衷于自己的直流电，他坚信未来是属于直流电的。

"假如使用交流电，机器的效率会更高，机器配件也不会经常出故障。"特斯拉向爱迪生解释道，"用交流电既能远距离输送电力，还不必建那么多发电站。"

但是，爱迪生已经在直流电上投入了大量的时间和精力，他不想前功尽弃。最后，爱迪生答应给特斯拉5万美元，让他研究如何提高直流电的效率。

但是特斯拉的工作完成后，爱迪生却拒绝付费给他。

于是特斯拉愤然辞职了。他当时能找到的唯一工作就是挖沟。"那是我人生的低谷。"特斯拉后来回忆道。

　　那段时间特斯拉生活窘迫，情绪低落。后来，特斯拉遇到了乔治·威斯汀豪斯，他认为交流电是美国电气化的发展方向。

　　威斯汀豪斯付钱获得了特斯拉关于交流电研究成果的使用权，并将相关技术应用于自己的工厂。他还给了特斯拉一份工作。

　　特斯拉搬到了宾夕法尼亚州的匹兹堡，他住在安德森旅馆。他愿意一直住在旅馆。

到 1887 年，爱迪生已经建了 121 座发电站。由于直流电的传输能力比交流电弱，房子如果距离发电站超过 1.6 千米，就会供电不足。所以，他必须建更多的发电站，而且直流电发动机维护起来费用也很高。

但是人们信任托马斯·爱迪生，因此他们也认为直流电比交流电好。此外，爱迪生的电灯还照亮了百万富翁 J.P. 摩根的大厦。而尼古拉·特斯拉，当时却几乎无人知晓。

爱迪生想让特斯拉的交流电看起来很危险。他在报纸上登广告，警告人们交流电可以致命。他还公开用特斯拉的交流电来电击狗、猫甚至大象。

人们很快就对交流电惶恐不安。于是，特斯拉开始反击。1891年，他发明了特斯拉线圈。利用线圈，他让数万伏高压电安全地通过了自己的身体。

特斯拉一只手举着灯泡，另一只手摸着线圈。哗！灯泡亮了。这些演示帮助公众明白了交流电是安全的。然而，谁会来照亮美国，是爱迪生还是特斯拉？依然没有答案。

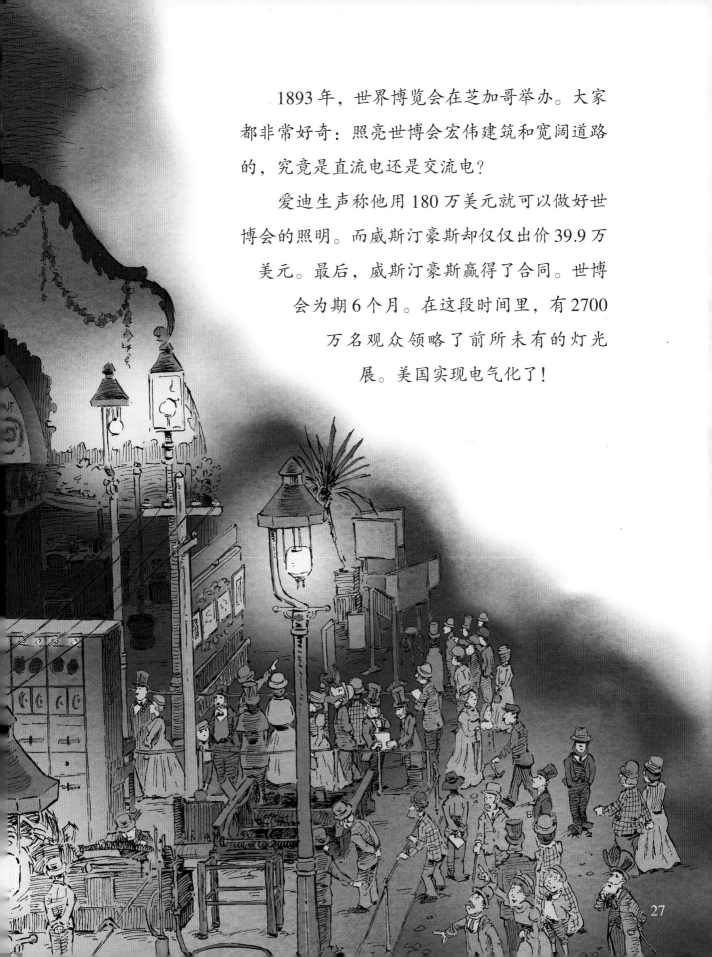

　　1893 年，世界博览会在芝加哥举办。大家都非常好奇：照亮世博会宏伟建筑和宽阔道路的，究竟是直流电还是交流电？

　　爱迪生声称他用 180 万美元就可以做好世博会的照明。而威斯汀豪斯却仅仅出价 39.9 万美元。最后，威斯汀豪斯赢得了合同。世博会为期 6 个月。在这段时间里，有 2700 万名观众领略了前所未有的灯光展。美国实现电气化了！

1895 年，特斯拉和威斯汀豪斯在尼亚加拉大瀑布建造了世界上第一座水力发电站。随着发电站开闸的日子越来越近，人们也越来越激动。

　　1896 年 11 月 16 日午夜，闸门打开了。这个水力发电站将电最远输送到了 20 英里（约 32 千米）之外的纽约州布法罗。

　　特斯拉儿时的梦想终于实现了。他成功地利用大自然最著名的奇观之一——尼亚加拉大瀑布的神奇威力。

特斯拉的机器人

特斯拉接着又创造了一项奇迹——制造了一艘由无线电控制的小船。1898年，他把这艘小船带到了纽约市的电气展览会。人群聚拢在一个特别建造的水池周围，观看发明家如何不用手触碰就能让小船在水面上移动穿梭。

特斯拉在一台遥控设备上操纵小船：通过遥控设备发射无线电波，小船上的天线可以接收到指令。当时还没有人知道无线电波是什么，也不知道如何远距离使用它们。意大利发明家马可尼在1901年成功发送了第一个横跨大西洋的无线电信号，但他使用的正是特斯拉几年前已获得专利的想法。

随着特斯拉的操控，小船在水箱里神奇地来来回回穿行不停，看起来就像自己在航行。

特斯拉告诉围观的人们："总有一天，我们会制造出能替我们干活儿的机器人。"

像往常一样，特斯拉的预言领先于他的时代许多年。